FATCHI ENCYCLOPEDIA

肥志百科5

原來你是這樣的植物 C篇

肥志　編繪

時報出版

編繪　肥志
主編　王衣卉
企劃主任　王綾翊
校對　謝馨慧
全書排版　evian

總編輯　梁芳春
董事長　趙政岷
出版者　時報文化出版企業股份有限公司
一〇八〇一九臺北市和平西路三段二四〇號
發行專線　（〇二）二三〇六六八四二
讀者服務專線　（〇二）二三〇四六八五八
郵撥　一九三四四七二四 時報文化出版公司
信箱　一〇八九九臺北華江橋郵局第九九信箱
時報悅讀網　www.readingtimes.com.tw
電子郵件信箱　yoho@readingtimes.com.tw
法律顧問　理律法律事務所　陳長文律師、李念祖律師
印刷　和楹印刷有限公司
初版一刷　2024年2月23日
初版二刷　2024年7月1日
定價　新臺幣480元

肥志百科 . 5, 原來你是這樣的植物 . C/ 肥志編 . 繪 . -- 初版 . -- 臺北市 : 時報文化出版企業股份有限公司 , 2024.02
204 面 ; 17×23 公分
ISBN 978-626-374-875-0(平裝)

1.CST: 科學 2.CST: 植物 3.CST: 通俗作品

307.9　113000390

時報文化出版公司成立於一九七五年，並於一九九九年股票上櫃公開發行，於二〇〇八年脫離中時集團非屬旺中，以「尊重智慧與創意的文化事業」為信念。

目錄

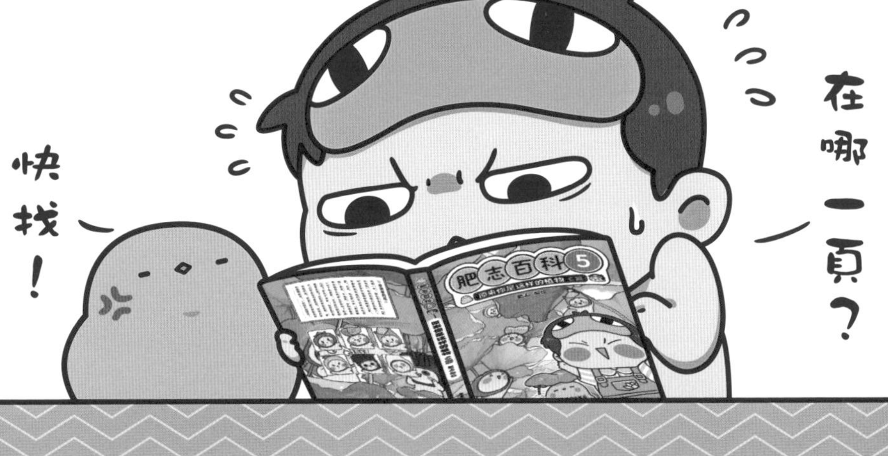

番茄的原來如此

如果此刻讓你做一道

酸甜口味的菜餚，

你會想到哪一種**食材**呢？

也許大多數人的**第一直覺**就是……

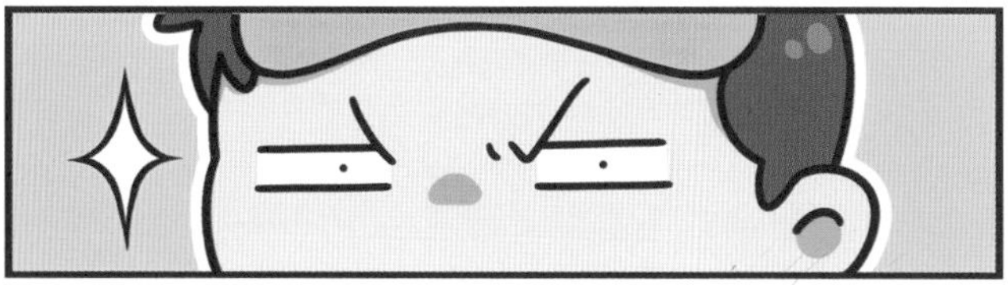

番茄！

番茄是我們**日常生活**中

一種神奇的「**調味料**」。

無論**東西方**，

對它的開發都**繽紛多樣**。

例如：我們**中國**不僅有**番茄火鍋**，

還有**番茄炒蛋**；

西方則有**羅宋湯**，

番茄披薩等。

那麼番茄究竟有什麼**故事**呢？

番茄是**茄科**大家族中的一員，

至少在 **700 萬年前**
就出現在了**南美洲**大陸上。

早期的番茄
只是一種**小小的野果**。

它們在大自然裡**自生自滅**，

慢慢地、慢慢地傳播到了**更遠**的地方。

最先發現了它們價值的

是中美洲的**印第安人**，

經過不斷地**雜交**和**培育**，

最終才把番茄**馴化**成類似**今天的模樣**。

到了 **16 世紀**，
西班牙艦隊把它**帶回歐洲**，

番茄才跨過**大西洋**
開始「**對外發展**」。

只是當時的**歐洲人**對植物的認知
主要源於歐洲**古代手稿**和**宗教**，

對於番茄這個**新物種**……

還**不是太認識**……

於是，圍繞番茄，

歐洲人很快分成了**兩大陣營**。

一方面，**西班牙人**和**義大利人**

迅速**被**番茄**征服**。

（真香派）

人們不但拿番茄**做菜**，

還覺得它有**催化愛情**的效果，

番茄的原來如此

就給它取了個**誘人**的名字——「**love apple**」。

註：love apple，愛之果。

而另一方面，

番茄卻在**英國**遭遇了**滑鐵盧**。

英國的**學者們**認為

番茄是一種「**致陰致寒**」的植物。

不僅**沒有營養**，

吃了還會讓身體……**腐爛**！

這導致英國人在接下來的 **200 多年**

都**談「茄」色變**，

只敢把它種在院子裡**觀賞**。

在外面待著！

這樣的情況直到一位

醫界「網紅」的出現才改變，

?

他就是英國人**威廉・薩蒙**。

威廉・薩蒙
William Salmon

威廉這個人**醫術**怎麼樣**不好說**，

但寫的書一直很**受歡迎**。

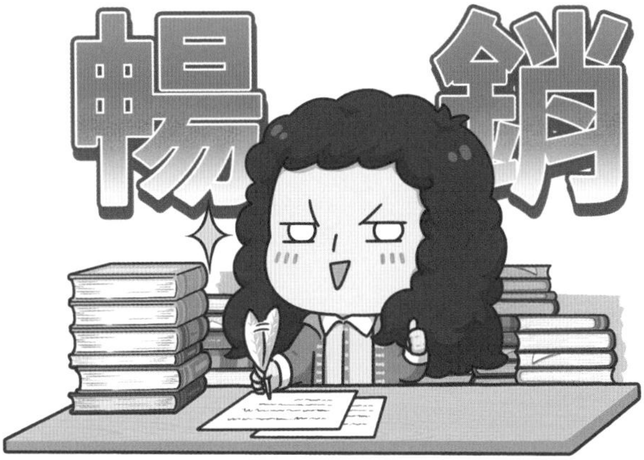

在英國長期**抵制番茄**的背景下，

威廉卻一直是番茄的**「鐵粉」**，

他在書裡向人們介紹它的**食用方法**，

還宣稱番茄有很多**神奇的藥效**。

例如：

發炎，可以喝番茄**汁**；

頭痛，可以吃番茄**糊**；

燒傷，可以抹番茄**油**……

在他之後，很多**學者**

也加入了**聲援番茄**的行列，

番茄這才在英國慢慢**翻了身**。

順帶一提，**番茄**

在約 **400 年前**也被引入了**我們國家**。

因為它是從**外國**來的，

長得又像**柿子**，

所以**最早**給它取的**名字**其實是**「蕃柿」**，

也就是**「外國的柿子」**的意思。

有趣的是，番茄在**我們這裡**，
一開始也只是**觀賞植物**。

清代小說《**綠野仙蹤**》裡寫道：
「不想他是個**西番柿子，中看不中吃**的整貨。」

要等到**民國**時期，
才被人們大量**放上餐桌**。

如今，番茄已經是
世界上**最受歡迎**的蔬菜，

除了**直接食用**外，

人們還會把它**加工成**各種**調味品**。

（番茄醬、番茄汁等）

根據**聯合國糧食及農業組織**（FAO）統計，

2017 年全球的

番茄產量已經達到 **1.82 億噸**，

世界蔬菜**排名第一**。

（蔬菜之王！）

註：tomato，番茄。

那麼**有人可能會問**，

這麼多的**蔬菜**，

憑什麼是番茄**獨占鰲頭**呢？

除了出眾的**顏值**、酸甜的**味道**外，

科學家們認為這很可能

還跟它的**「鮮」**有關。

根據研究，番茄富含
一種叫**「麩胺酸」**的物質，

而**這種物質**恰恰是
人類味覺裡**「鮮味」**的主要**來源**，

所以當你**吃番茄**的時候，

很可能還會**品到**一絲**「肉」**的鮮香。

擺脫最初的**成見**和**誤解**，

番茄終於**征服**了人類的**味蕾**！

而作為**大自然**的一種**饋贈**，

它也時刻**提醒**著我們

未來該**如何**正確**對待**一種**新**的事物。

不說了，讓我們先**來一碗**

熱騰騰的**番茄蛋花湯**吧！

【完】

附錄

【越紅越好】

顏色越深的紅番茄，營養價值越高。因為番茄紅色的來源是一種叫蕃茄紅素的物質，它恰好是番茄的主要營養成分。紅色越深，就證明番茄紅素的濃度越高，也就更有營養。

【煮煮更健康】

番茄裡面的番茄紅素具有抗氧化和抵禦癌症的作用，但生番茄的番茄紅素卻很難被人體吸收。為此，營養學家建議番茄最好煮熟吃。因為煮熟後，番茄紅素的化學結構會發生變化，更好吸收。

註：番茄紅素，即「lycopene」，香港習慣稱「番茄紅素」，台灣習慣稱「茄紅素」。

附錄

【黑番茄】

紅色、橙色是番茄的常見色，但俄羅斯卻有一種叫「black krim」的黑番茄。它的顏色大多偏紫紅，但在日照充足的條件下，會長得近似黑色。有趣的是，據說它有一股「烤肉搭配紅酒」般的特別香氣。

【番茄的名字】

番茄剛傳入時，全國各地冒出來大量別名，例如：台灣南部的「柑仔蜜」；山東、山西的「西番柿（或西蕃柿）」；浙江的「洋柿」……到現在傳播最廣的只有兩個，一個是北京一帶的「西紅柿」，一個是來自上海的「番茄」。

附錄

【聖女果】

生活中，人們經常會見到一種叫「聖女果」的小番茄。它的本名其實叫「櫻桃番茄」，是番茄的一個變種。之所以叫「聖女果」，是因為中國第一個引種的小番茄品種名叫「聖女」，因此就傳開了。

註：「聖女果」香港名為「車釐茄」，台灣名為「聖女小番茄」。

【番茄大戰】

在西班牙小鎮布尼奧爾，每年 8 月都會舉行一次「番茄大戰」根據該傳統起源於 1945 年，每年活動主辦方都會在街上傾倒上百噸熟透的番茄，讓當地居民或者遊客互相扔著玩。

另外就是

番茄到底是蔬菜還是水果？對這個問題的爭論由來已久，在一百多年前甚至還鬧上過美國法庭。

起因是在十九世紀末，美國對進口蔬菜徵收關稅，而對進口水果則不用。番茄商人認為番茄是水果不用交稅，而海關則認為番茄是蔬菜。雙方各執一詞，最後鬧上了美國最高法院。裁決時，法官根據番茄通常出現在正餐裡，而不像水果那樣作為餐後甜點食用，才將其定義為「蔬菜」。

但這並不代表「番茄是水果」在美國是錯誤的。按照美國《韋氏辭典》的定義，「水果」是指「種子植物上可食用的生殖體，特別是和種子相連的甜果肉」。而番茄是番茄藤蔓結出的果實，裡面包含用來繁殖的種子，嚴格來說也完全符合這個定義。

簡單來說，以最常用的食用方式來分類，番茄是「蔬菜」；以植物學的定義來說，番茄則是「水果」。答案的不同，取決於看問題的角度。但無論如何，我們對番茄的喜愛都不會變。

肥志與小黃

四格小劇場

【第25話　閒置法寶】

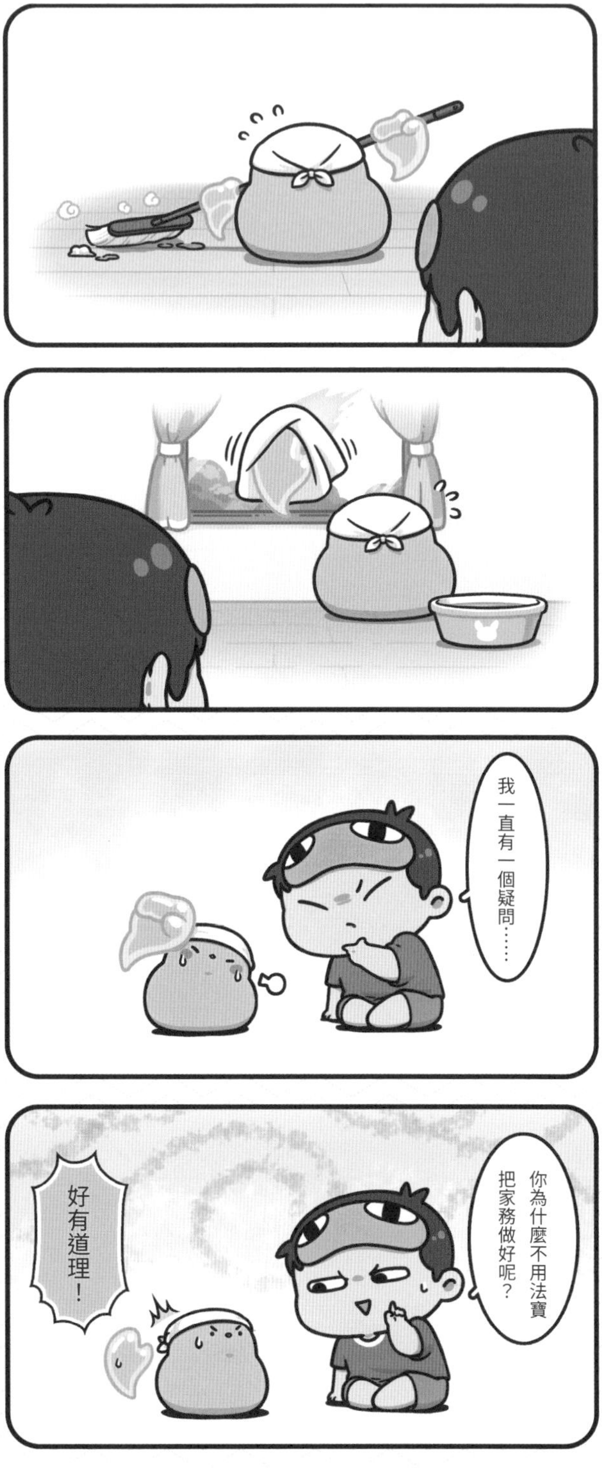
我一直有一個疑問……
你為什麼不用法寶把家務做好呢？
好有道理！

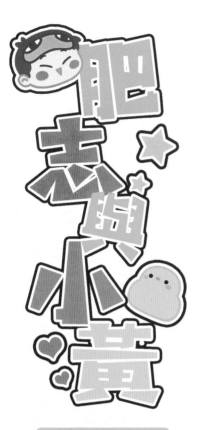

薄荷的原來如此

牙膏為什麼大多是**薄荷味**的呢？

這個問題聽起來似乎有點**傻**，

註：what，什麼。

但是不是……

也給了你**靈魂的「拷問」**？

對呀，**為什麼**口腔清潔用品**不是甜味**的，

不是酸味的，

而是**薄荷味**的呢？

今天，我們就來**聊一聊**

薄荷的故事——

薄荷，**起源**於**地中海**一帶，

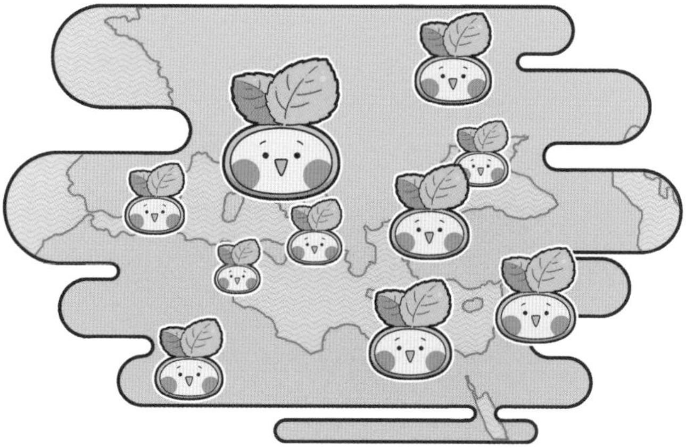

樣子嘛……

普通到不行……

傳說倒是有一段，

說是**古希臘**神話裡的**仙女門塔**

被「渣男」**冥王黑帝斯**「**渣了**」……

註：sorry，對不起。

她非常**生氣**，

於是到處說**情敵**的**壞話**，

但她**沒想到**……

情敵的老媽是**奧林帕斯**的女神，

結果，可憐的她被**變成了薄荷**……

有夠**無厘頭**的……

這薄荷**怎麼來**的，其實**不太重要**，

早在**古希臘**和**古羅馬**時代

它就已經被當作**香料**廣泛使用，

古羅馬人還很推崇它的**藥用價值**。

博物學家**普林尼**

Gaius Plinius Secundus

蓋烏斯·普林尼·塞孔杜斯

在他的百科全書《**自然史**》裡
就說薄荷有 **41 種功效**。

例如：**單吃**能治療**肺部感染**，

配上**蜂蜜酒**就是**肝病**的剋星。

這聽起來……**不**是很**可靠**啊……

然而**奇怪**的是，

即使普林尼這麼**「迷」薄荷**，

書裡也沒**提**

薄荷跟**口腔清潔**有什麼關係。

而在**中國**呢，

最早記載薄荷的
是**西漢的《甘泉賦》**，

裡面寫道：

攢并閭與茇葀兮
紛被麗其亡鄂

「茇葀」二字指的就是**「薄荷」**。

註：茇葀的漢語拼音為 bá 和 kuò，注音符號為ㄅㄚˊ和ㄎㄨㄛˋ。

我們的**祖先**起初
也只把薄荷當作一種**觀賞植物**，

後來發現薄荷有**藥用價值**，
這才慢慢開始**推廣**。

唐朝人

會喝熱薄荷汁來**發汗**。

宋朝人

會用薄荷來**清咽利喉**。

等到**明朝**，

薄荷不僅**隨處可見**，

甚至還上了老百姓的**餐桌**。

可是那時候，**漱口**用的是**酒**和**茶**，

刷牙用的是**鹽**和**楊柳枝**，

要**清新口氣**則是含一點**丁香**……

反正……**口腔清潔**似乎跟薄荷沒半點**關係**。

那麼，又是誰**改變**了薄荷的**命運**呢？

是**心理暗示**！！！

這得從 **20 世紀初**講起——

當時**美國**剛開始**推廣刷牙**習慣，

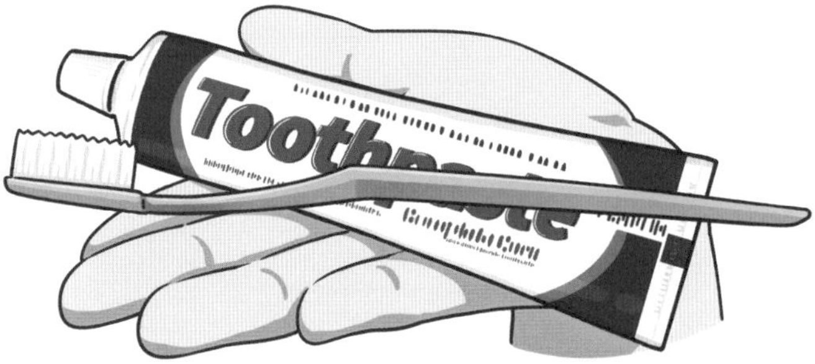

註：toothpaste，牙膏。

全美國……只有 **7%**的人**會用牙膏**。

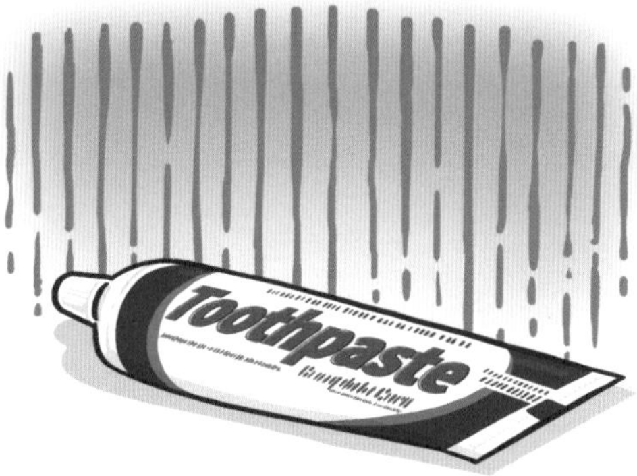

一家叫**白速得**的牙膏公司

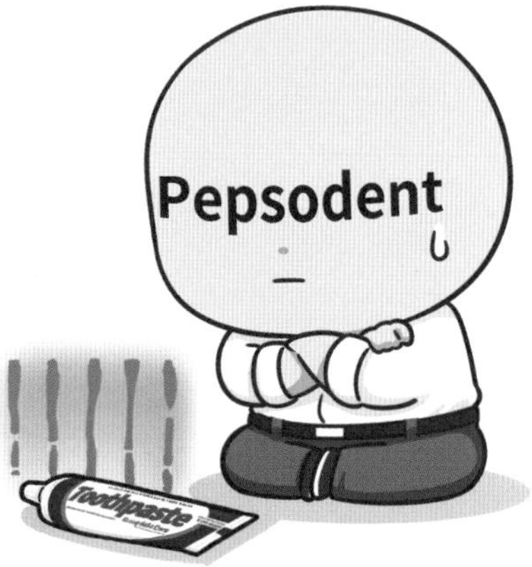

為了**吸引**更多**人**買他們的牙膏，
在生產的牙膏配方裡額外**加入**了**薄荷油**。

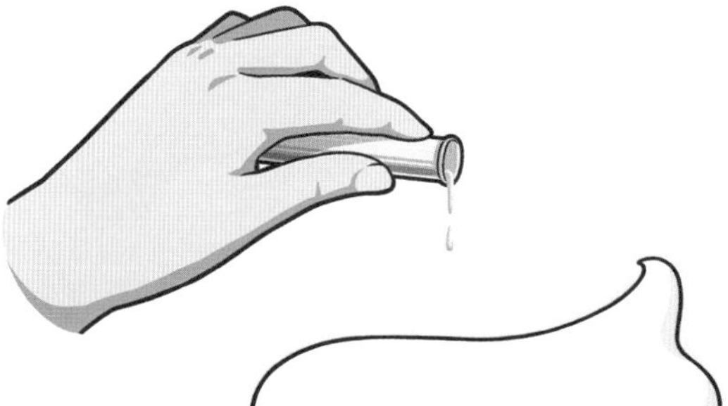

原本只是想
讓牙膏的**味道清新**一點，

但萬萬沒想到薄荷對口腔的**清涼刺激**
帶來了**意外的收穫**，

它竟然讓人產生了
一種微妙的**心理暗示**，

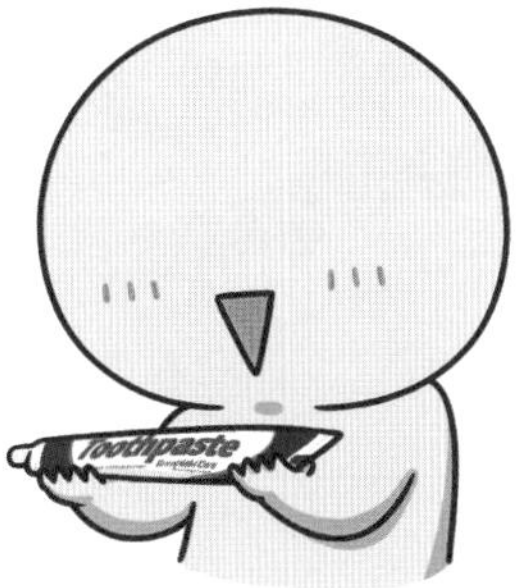

那就是

「清涼＝刷過牙＝乾淨」，

「清涼＝乾淨」。

這樣的心理暗示導致**人們覺得**

沒有清涼刺激的牙膏就等於**刷不乾淨**！

於是，**白速得**牙膏成為

人們買牙膏的**首選**，

薄荷也開始跟**口腔清潔**畫上了等號。

隨著時間的**推移**，

「薄荷味」成功在口腔清潔行業**扎了根**。

以**我們國家**為例，

2004 年將近 **60%**的牙膏都是**薄荷香型**的，

漱口水、**口香糖**就更加不用說了。

註：cool mint，清涼薄荷，這裡指漱口水的口味。

一個意外發現的心理暗示

至今仍然**影響**著許多人，

而且現在**不只**是**牙膏**，

洗髮精、**沐浴露**、**洗衣精**等等，
很多也都有**薄荷款**，

是不是**很有趣**？

（完）

附錄

【禿頭救星】

薄荷有希望成為新的「禿頭」救星。韓國科學家發現，薄荷中提煉的薄荷油能刺激頭皮血液循環和毛囊生長，達到生髮目的。相關實驗中，薄荷油製成的藥物，生髮效果比現有的藥物還要好。

【香氣大雜燴】

古希臘人認為神都是香的，為了讓自己也變香，就在身上用了很多不同種類的香水。例如：棕櫚油用來擦臉和胸；百里香用在膝蓋和脖子上；馬鬱蘭用在眉毛和頭髮上；薄荷則是手臂專用……

附錄

【薄荷茶】

薄荷茶是北非的一種傳統飲料。北非人喜歡在綠茶裡面加入冰糖和薄荷葉，喝起來清涼可口。此外，他們用薄荷茶接待客人時，按習慣會連續敬三道，而客人也要將三道茶喝完才符合禮節。

【薄荷宴會】

在古羅馬人的宴會上，薄荷是絕對不可少的。他們會在宴會前用含薄荷的消毒水為餐桌消毒；參加宴會時，頭頂上還會戴著薄荷編織的花環；到了餐桌上，喝的湯和紅酒裡也要加大量的薄荷。

附錄

【負面評價】

相比古羅馬，古希臘的一些名人則對薄荷抱有奇怪的偏見。例如：亞里斯多德就認為薄荷會讓士兵們降低鬥志，應該禁止他們使用；而古希臘醫學之父希波克拉底也認為，過量的薄荷會有害男性的身體。

【薄荷別名】

在中國古代，薄荷有不少別名。例如：因為長在水邊又有香氣，人們叫它「魚香草」；「生陽菜」的叫法則來自它消暑散發的功效；甚至還有人根據薄荷清咽利喉的特性，為它取了一個很擬人化的名字叫「冰喉尉」。

另外就是

對人類來說，薄荷醇是薄荷裡最重要的成分。無論是薄荷清新的香氣，還是刺激的涼爽，都來自於這種物質。

現代研究顯示，薄荷醇的「清涼感」是源於它能刺激人體中一個叫「TRPM8」的降溫感受器，讓皮膚在溫度不變的情況下也能向大腦發出降溫訊號。與此同時，TRPM8 還和疼痛、瘙癢等感覺的傳遞有關。所以，當薄荷醇在刺激 TRPM8 時，人體也會伴隨分泌出抑制疼痛和瘙癢的物質。像人們常用來提神、止癢的花露水、綠油精裡都有它，也就不足為奇了。

薄荷醇還有其他神奇的作用。例如，它能抑制真菌的活性，是一種純天然的殺菌劑，不僅能在農業生產中保護農作物免受病害，還不會帶來汙染。在考古方面，我國科學家利用薄荷醇有一定硬度，室溫下又容易昇華去除的特性，用它來臨時保護脆弱文物，和國際上常用的保護劑相比，安全無毒又便宜。薄荷之所以從古至今備受追捧，薄荷醇是最大功臣。

肥志與小黃

四格小劇場

【第26話　失靈了】

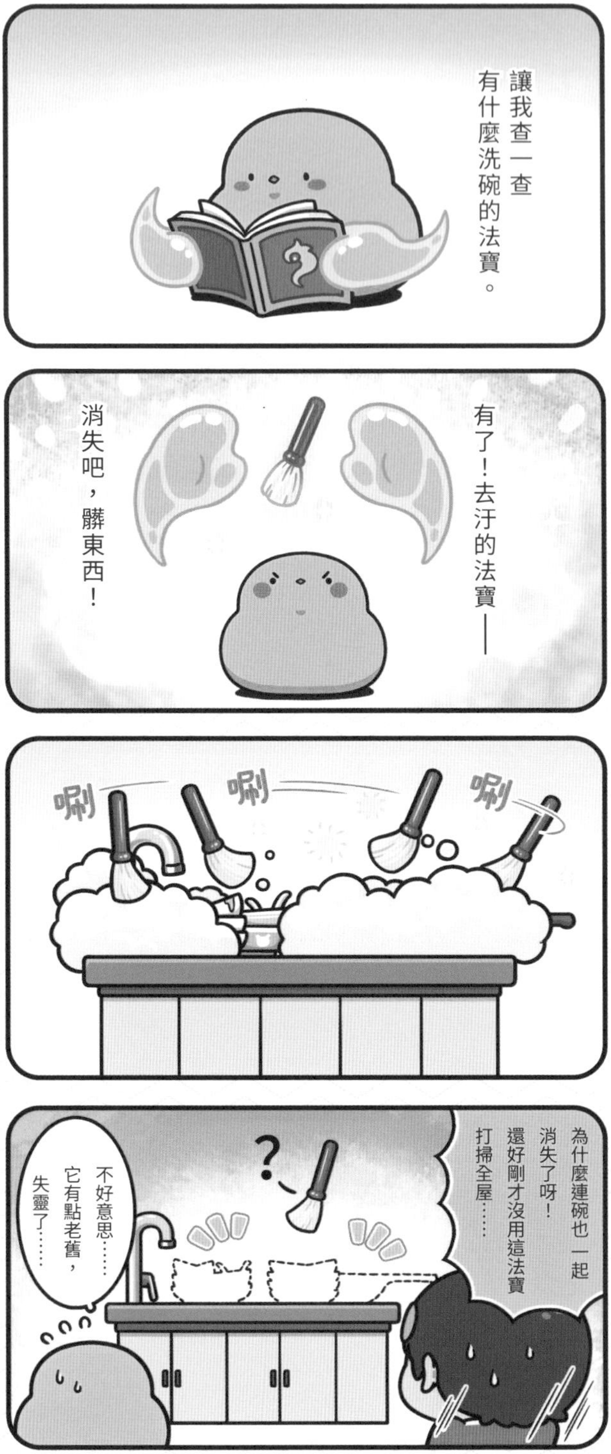
讓我查一查
有什麼洗碗的法寶。
有了！去汙的法寶——
消失吧，髒東西！
唰
唰
唰
為什麼連碗也一起消失了呀！
還好剛才沒用這法寶打掃全屋……
?
不好意思……它有點老舊，失靈了……

玉米的原來如此

無論是**蒸煮**，

還是**炭烤**，

總能給人**幸福無比**的感受！

它可以是**主食**，

也可以是**零食**。

那麼，這種**美好**的食物

究竟有**什麼故事**呢？

玉米的官方名稱叫**「玉蜀黍」**。

註：黍的漢語拼音為 shǔ，注音符號為ㄕㄨˇ。

沒錯，聽起來比較**上年紀**……

跟**水稻**、**小麥**、**高粱**一樣
是一種常見的**禾本科**作物。

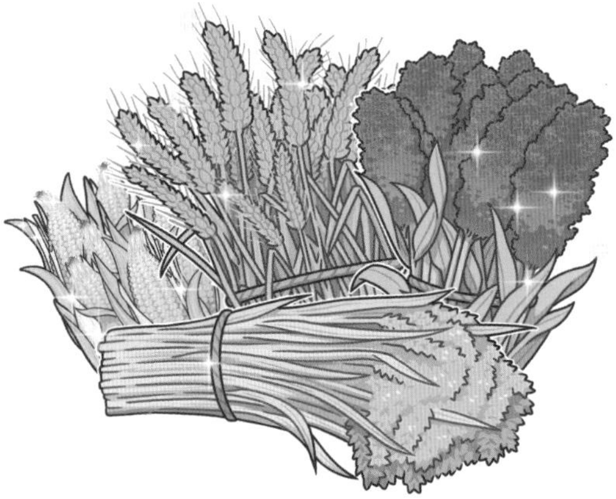

主莖**高大粗壯**，

到了**成熟**時，

玉米棒就會掛在上面。

那麼玉米一開始是**怎麼來的**呢？

答案是——

原本的**大自然**裡並**沒有**「玉米」這個物種……

它的**祖先**其實是一種

在**中美洲**叫「**大芻草**」的雜草。

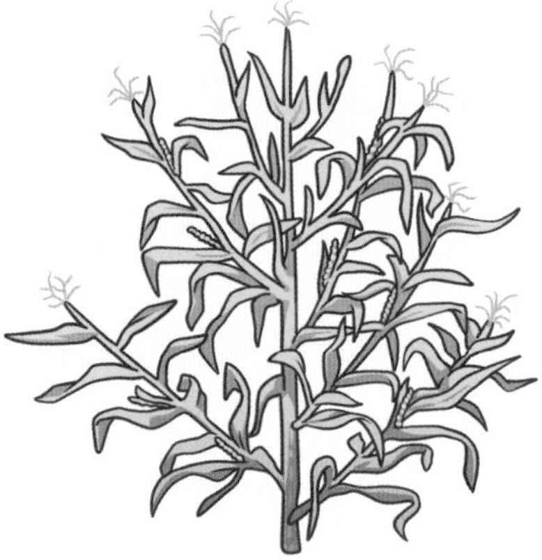

這種雜草會**結穗**，

於是，

古印第安人就對它進行**篩選和培育**，

最後在 **9000 年前**
才正式「發明」了**「玉米」**。

當然，**印第安人**鼓搗玉米，
可**不是**為了**好玩**，

而是把它當作**賴以為生**的**糧食**作物。

以至於在**馬雅神話**裡，

神最初**造人**時用的也是玉米！

等到 **15 世紀末**，

「帶貨達人」**哥倫布**在**南美洲**發現了玉米，

他也覺得玉米**非常神奇**，

於是，把它帶回了**歐洲**。

熱情的**西班牙人**很快就接受了它，

人們拿它來**煮粥**，

用它做**雜糧麵包**，

加上玉米本身**高產又抗病**。

於是被推廣到**很多國家**，
成為**新的主食**。

然而，就在這顆**農業「新星」**
一路向東**征服歐洲**的同時，

一場**災禍**也悄悄**降臨**了……

這就是**「糙皮病」**！

糙皮病是一種會讓人**皮膚發炎、脫落**，

甚至**死亡**的疾病，

當時很多**以玉米為食**的地方

都發生了**糙皮病**。

例如，在**歐洲**一些**主食玉米**的地區，

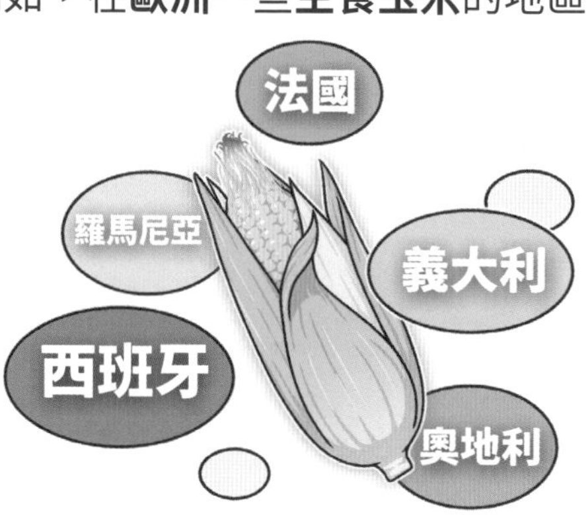

糙皮病流行了**近兩個世紀**。

搞得一些**學者**大聲**呼籲**

要玉米**離開餐桌**，

噁！
玉米離開蔬菜界！
害人的東西！

玉米的**「風評」岌岌可危**啊……

幸好一個**美國醫生**的出現

扭轉了局面，

他就是**約瑟夫・戈德伯格**。

美國人長久以來

其實也**飽受**糙皮病的**困擾**。

為了**解開謎題**，

1915 年，約瑟夫以**減刑**為條件
在監獄裡找一些**囚犯**做試驗。

透過**調整**囚犯的**飲食**等方法，

他**證實**了糙皮病

其實是一種**營養缺乏疾病**，

跟玉米**沒什麼**直接**關係**。

只是**玉米實在是能讓人吃飽**，

導致人們因**營養失衡而得病**。

而在他**之後**，

其他學者研究發現，
造成糙皮病的**根本原因其實是缺乏菸鹼酸**。

菸鹼酸過低

玉米這才**「沉冤得雪」**……

而在玉米抵達歐洲**幾十年後**，

它也到了**中國**。

面對**新**出現的**物種**，

我們**第一個反應**

是取個**容易記住**的名字，

據說名字前前後後有**上百個**之多。

註：秫的漢語拼音為 shú，注音符號為ㄕㄨˊ。

但由於**數量稀少**，

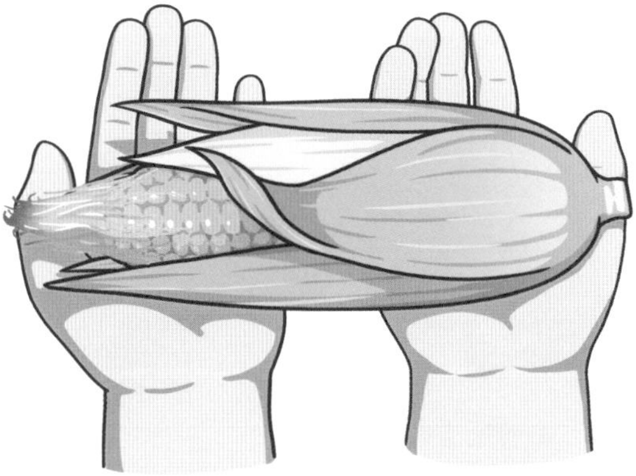

玉米剛來時，其實還屬於**「奢侈品」**。

小說《**金瓶梅**》裡，

「土豪」西門慶大宴賓客時，
就有幾次它的身影。

一直要到**清代**人口暴漲，

玉米才作為重要**糧食作物**，

開始大面積在中國**普及**。

現在，玉米已經是
世界上**最重要**的作物**之一**。

根據**聯合國糧食及農業組織**統計，
2017 年，**全球**玉米產量約 **11.3 億噸**，

在所有農作物裡排行**第二**。

（第一是甘蔗。）

所以玉米為什麼如此重要呢？

一個重要原因是玉米**除了好吃**以外，

還**「多才多藝」**！

例如說，玉米是我們國家重要的**飼料**，

（約占我國玉米消費量的 60%）

而且還是非常普遍的**工業原料**。

像**汽車**燃燒的**生物乙醇**、

便當盒裡的**降解塑膠**，通通**需要玉米**，

相關的產品就超過 **3500 種**。

從荒地裡的**野草**，

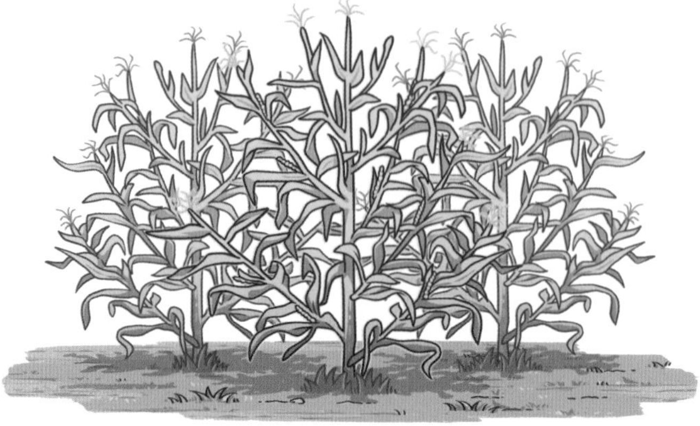

到如今**現代工業**的一部分，

恐怕**古印第安人**怎麼也**想不到**

自己當年的**「發明」**
會對後世影響**如此之大**！

這個跨越千年的人類**「好幫手」**
至今仍那麼**親切美好**，

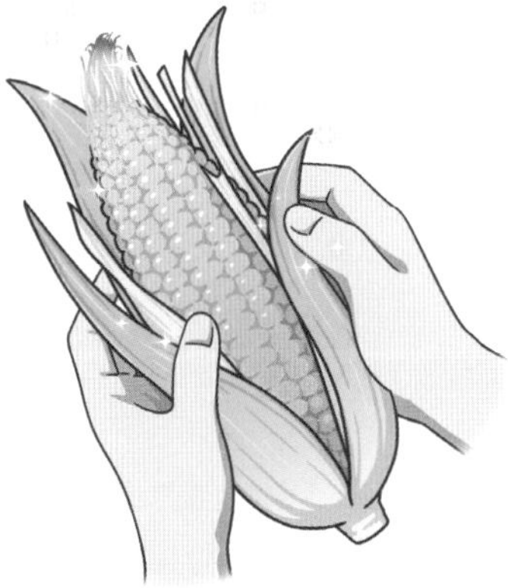

特別……是烤熟**撒上孜然粉**後……

【完】

【中國製造】

玉米雖然源自美洲，但「糯玉米」卻是中國發明的。因為雲南和廣西一帶的少數民族喜歡吃又黏又糯的食物，當地人培育玉米時也偏愛口感比較黏的品種，這才慢慢誕生了糯玉米。

【草莓玉米】

「草莓玉米」是玉米的一個變種，因為形似草莓而得名。跟普通玉米相比，它的顏色是紅色而不是黃色，個頭也更嬌小，用來做爆米花據說還會有一股濃濃的堅果味。

附錄

【獻身科學】

在約瑟夫之前，人們普遍認為糙皮病是傳染病。為了反駁這種觀點，約瑟夫不僅把患者的血液注射到自己身上，還將患者的皮膚組織、排泄物混在麵糰裡吃掉，以此來試驗自己會不會得病。

【機智的印第安人】

同樣以玉米為食，印第安人卻沒有像歐洲人那樣出現糙皮病。原因是印第安人在吃玉米前會用石灰或草木灰水煮一下，用鹼讓裡面的菸鹼酸成分釋放出來，就不會得糙皮病了。

附錄

【化廢為寶】

吃玉米剩下的玉米芯也是一種「寶貝」。它不僅能用來培養金針菇或平菇等食用蘑菇，也能作為原料用來生產用途廣泛的飴糖，還能用於食品加工、煉鋼、造船、印染等各大領域。

【爆米花】

爆米花是古人的發明。考古發現，至少在 5000 年前印地安人就懂得製作爆米花了。不過，他們的吃法和我們現在不大一樣。他們習慣將做好的爆米花磨成粉，然後加水做成稀粥喝。

另外就是

作為一種糧食作物，玉米擁有許多優點，例如：產量高、種植成本低廉、可以直接食用；在強光照、高溫、缺少水分的環境也能生存得很好；顆粒緊密方便大規模儲存和運輸等等。這些優點也使得它成了歐洲人殖民擴張時有力的物資保障。

歐洲人在往美洲殖民擴張的時候需要大量的勞動力，因此從非洲掠奪大量人口作為奴隸販賣到美洲。而玉米則成了奴隸在海上的主要食物。而且在遠航過程中，玉米含有的維生素也能預防壞血病的發生，提高了航行的成功率。

此外，歐洲人在非洲殖民地建立工廠、鐵路和莊園等設施時，常常用玉米作為食物的供應和低廉的工資，吸引當地人為他們工作。與此同時，他們也會用玉米作為軍餉在當地組建軍隊，為他們掠奪在殖民地的利益。對於非洲土著而言，由於歐洲殖民者搶奪了大量土地導致農業、畜牧業衰退，高產、抗災又容易養活的玉米則成了他們的救命稻草。

肥志與小黃

四格小劇場

【第27話 展示法術】

我終於明白為什麼你不用法寶做家務了。
你那些法術都太老舊了，而且你平時也不會用什麼法術對不對？
會飛，會變大，沒了……
剛才只是意外！
我也掌握了很多上古祕術！今天就給你展示一下！
看好了——御火術！
怎麼樣？厲害吧！
有打火機……

鳳梨的原來如此

英國**皇家收藏信託基金會**
在**白金漢宮**舉辦過一場**畫展**，

名叫**《繪畫天堂：花園的藝術》**。

雖然主題是**「花園」**，

但**格外醒目**的卻是一種**水果**……

它不但擁有單獨的**肖像畫**，

甚至還能跟英國國王**查理二世**同框，

而這種**「尊貴」**的水果不是別的，

正是我們**常見的鳳梨**！

註：鳳梨，即 pineapple，大陸及香港稱「菠蘿」，台灣稱「鳳梨」。

那麼，**老外**怎麼對鳳梨這麼**情有獨鍾**呢？

鳳梨是一種**鳳梨科鳳梨屬**植物。

它喜歡生長在**熱帶**，

果實不僅**大**，

一旦**成熟**，味道會很**香甜**。

把時間調回 **6000 年前**，

6000年前

南美洲**巴西**一帶的**印第安人**

首先**馴化**了鳳梨。

他們不僅把它當**水果**，

還用它來**釀酒**，

得了病還拿它當**抗生素**用。

對他們來說，

鳳梨葉子也是鳳梨的**寶藏**，

因為**富含纖維**，

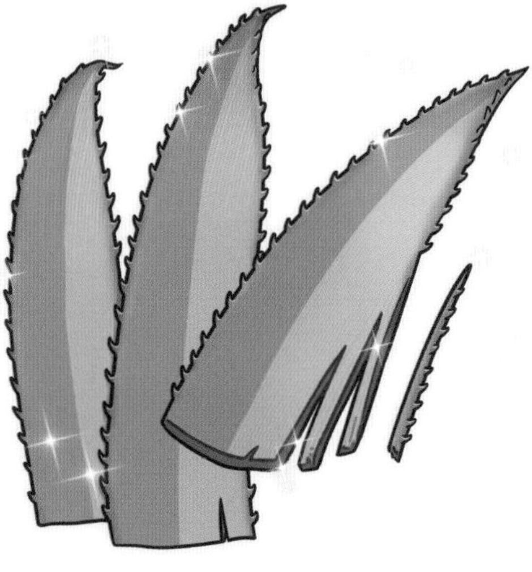

印第安人還學會了用它**織布做衣服**。

航海家**哥倫布**
是第一個把鳳梨**帶到歐洲**的人。

15 世紀末，
他奉**西班牙王室**之命探索**新大陸**，

結果就在**南美洲**
發現了這種**奇特的水果**。

回到**西班牙**後，

哥倫布把鳳梨獻給了**國王**，

這一獻……國王就**被**鳳梨**征服**了，

當眾向鳳梨**表白**！

鳳梨也因此**「一炮而紅」**，

成為**皇家御用**水果。

以至於此後的**幾個世紀，歐洲貴族們**
把能否吃到鳳梨當作**地位高低的象徵**。

上層喜歡，

民眾自然也無比**嚮往**，

然而**現實**卻很**「骨感」**……

由於歐洲大部分地區處於**北溫帶**，

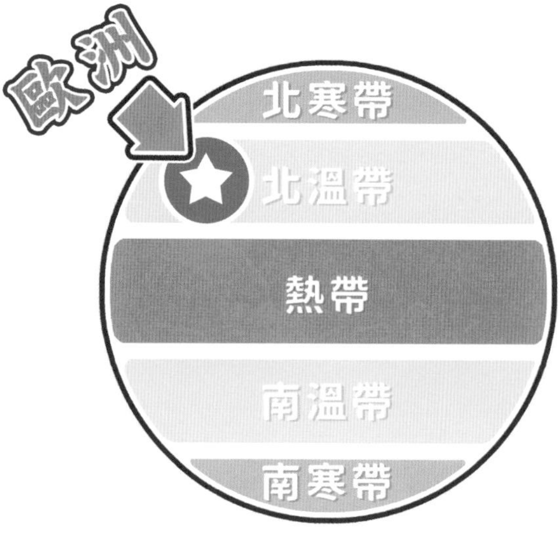

根本**不適合**種鳳梨。

加上鳳梨本身**不容易**存放，

想從**南美洲**進口，

還沒運到……就爛得**亂七八糟**了。

眼看**天時**、**地利**都不在自己這邊，

歐洲人的**「吃貨之魂」**徹底被**激怒**了！

率先想出辦法的是**荷蘭人**。

他們的**絕招**是用 **24 小時供暖**的「溫室」
模擬鳳梨喜歡的**熱帶氣候**。

例如，用**火爐和烤箱**來維持室內的**高溫**，

把**灌溉的水**加熱到**溫牛奶**的溫度。

反正就是這麼**不計成本**地做了**一百多年**，

歐洲才結出了第一個**土生土長**的鳳梨……

註：made in Europe，歐洲製造。

這樣**「逆天」**的鳳梨，**成本**換算到今天

至少要 **1890 英鎊**一個！

平民還是**吃不了**……

那麼，鳳梨到底是**什麼時候**

走進**普通人家**的呢？

要等到**工業革命**以後！

蒸汽輪船的發明

大大**縮短**了海上運輸的**時間**，

歐洲人這才有條件開始**大量進口**。

更關鍵的，是**鳳梨罐頭**！

18 世紀末時，歐洲各種打仗，

法國政府重金懸賞**食品保鮮**技術。

有一個叫**尼古拉·阿佩爾**的廚師發現，

如果把**食材**放進玻璃瓶裡**加熱密封**，

食物就可以**儲存很久**。

這種技術後來**逐步升級**，

用到鳳梨身上，

吃鳳梨難的問題這才**告一段落**。

順帶一提，

鳳梨在 **17 世紀**時也已經傳到了**中國**，

不過，我們國家**地大物博**，

南方有不少地區都**適合**熱帶水果生長，

所以……吃個鳳梨並**沒什麼困難**。

隨著技術的**進步**，

如今，鳳梨已經可以運到**全球**各個角落。

出口鳳梨也成了很多熱帶國家
提高 GDP（本地生產總值）的方法，

註：GDP 香港稱「本地生產總值」，台灣稱「國內生產毛額」。

而歐洲人對鳳梨的愛也**依然如故**。

據**聯合國糧食及農業組織**（FAO）統計，

2017 年全球鳳梨**進口**貿易額

共計 **27.1 億美元**，

將近**一半**都出自歐洲人的腰包。

卸下了**「貴族」**的頭銜，

也**不再是**炫富的工具，

鳳梨終於變回了它**原來**的樣子，

普普通通地站在了人們的面前。

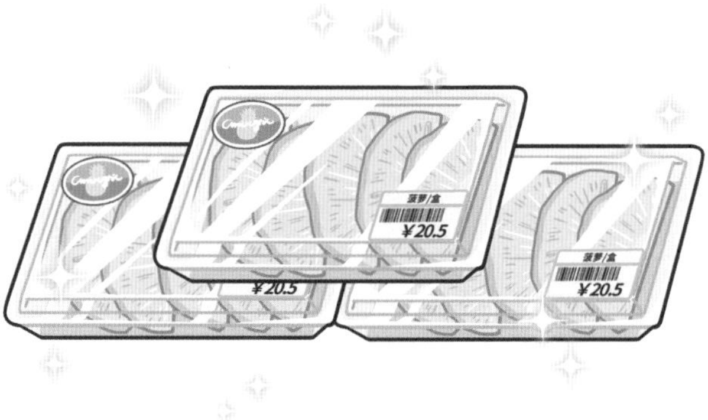

它讓人**感慨**這段歷史，

也感慨**人類的智慧**，

這樣想著……

能在街上**隨意買**塊鳳梨邊走邊吃，

是不是挺**幸運**？

【完】

附錄

【鳳梨海】

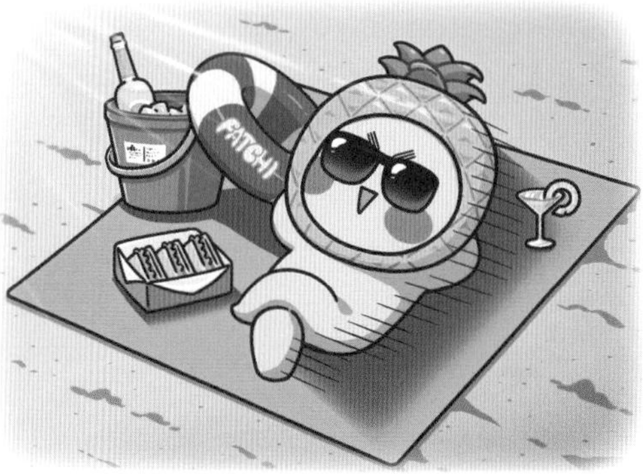

廣東省徐聞縣是中國最大的鳳梨種植基地。它地處中國大陸的最南部，光熱充足，特別適合鳳梨生長，加上當地的丘陵地形有起有伏，猶如海浪，所以徐聞也有「鳳梨海」的美名。

【鳳梨？菠蘿？】

從生物學角度來看，鳳梨和菠蘿指的是同一個物種。鳳梨是官方正式名，而菠蘿是俗名。由於產地與品種的不同，有些叫作菠蘿，而把一些口感更鮮甜的品種叫作鳳梨。

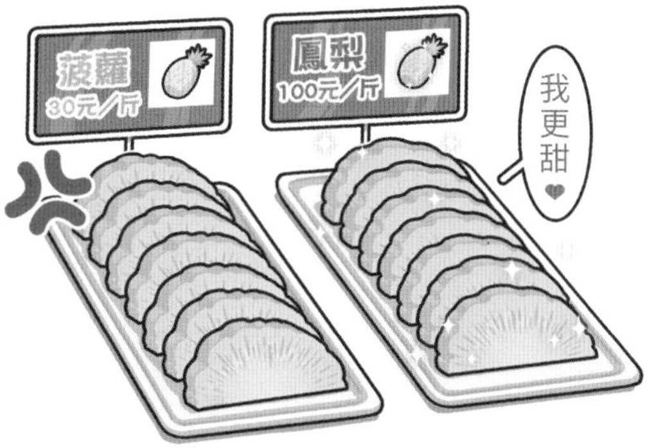

附錄

【鳳梨美食】

鳳梨除了能當水果外，還常被用來做菜。例如：粵菜的咕咾肉裡就常常加入鳳梨，吃起來酸甜可口；在夏威夷，鳳梨相當受當地人喜愛，他們用鳳梨做的夏威夷炒飯和夏威夷披薩也非常出名。

【國宴常客】

英國國宴總會用鳳梨作為餐桌上的裝飾。這項傳統起源於 17 至 18 世紀。當時鳳梨稀有又昂貴，有錢人在開宴會時常擺鳳梨來「炫富」，而沒那麼有錢的則會租一個來裝闊。

附錄

【鳳梨「同好」】

在美國獨立戰爭中，交戰的英國和美國都將鳳梨視為自己的象徵。英國人認為，鳳梨是國王喜愛的水果，代表英國皇室；而美國人則認為鳳梨發源自美洲本土，象徵新大陸的獨立。

【寶貝葉子】

除了做衣服以外，鳳梨葉還有很多用處。像是它含有大量膳食纖維和多種天然活性成分，經過提取後能開發成保健食品。除此之外，鳳梨葉還含有大量的抑菌成分，有希望用來開發抗菌藥物。

另外就是

網路上有個說法：「當你在吃鳳梨的時候，其實鳳梨也在吃你。」這其實說的是鳳梨裡有一類特殊的鳳梨蛋白酶。這種蛋白酶有分解蛋白質的效果，當我們在吃鳳梨時，它會分解人體口腔內壁的蛋白質。鳳梨入口後會有微微的刺痛感，正是這個原因。

然而，科學家們發現，這種「刺嘴」的鳳梨蛋白酶卻是一個治病小幫手。它能有效啟動人體的免疫系統，並減少體內引發發炎的物質，不僅能有效抗發炎，還能增強抗生素藥物抵抗細菌、真菌的效果，對治療發炎和外傷都有幫助。

更神奇的是，近年來有研究發現鳳梨蛋白酶還有抗癌作用。人體細胞老化後會啟動基因裡的「凋亡程式」並死去，但癌細胞不僅不會凋亡，還會利用血液中的血小板包裹和「保護」自己。而鳳梨蛋白酶不僅能降低血小板的活性，打破這種防禦，還能主動啟動癌細胞的凋亡程式讓癌細胞死亡。

肥志與小黃

四格小劇場

【第28話　還會什麼？】

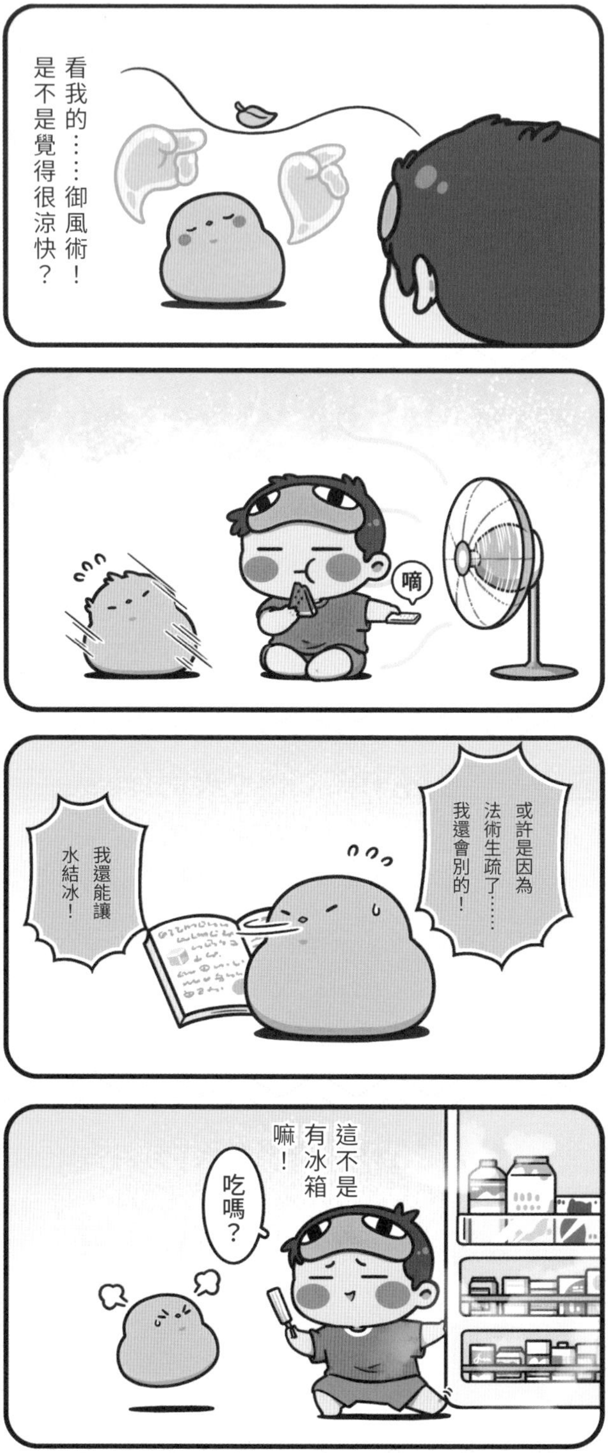
看我的……御風術！
是不是覺得很涼快？
嘀
或許是因為法術生疏了……我還會別的！
我還能讓水結冰！
這不是有冰箱嘛！
吃嗎？

香草的原來如此

2017 年 7 月，

美國的**國際乳製品協會**公布了

「美國最受歡迎的冰淇淋口味」的評選結果，

香草，成為**冠軍**！

它擊敗了熱門選手**巧克力**。

事實上，幾乎所有的**冰淇淋**品牌
都有香草口味的產品，

而在日常生活中，

很多**零食**、**飲料**裡也都**少不了**它。

註：vanilla，香草，這裡指食品的口味。

那麼，香草到底**為什麼**這麼**受歡迎**呢？

香草，官方名稱叫**「香莢蘭」**，

顧名思義，屬於**蘭科**植物。

它起源於 **6200 萬年前**的**中美洲**，

本體是**熱帶雨林**裡的一種**藤蔓**。

香草的原來如此

每年的 **3 月到 5 月**
香草會開出漂亮的**花花**，

最後結出**長條形的豆莢**，

我們用的**天然**香草香料
就是用**發酵後**的豆莢製成的。

最先發現香草的是**印第安人**。

因為香草**獨特的香味**，

印第安人會用它來製作**薰香寺廟**的香料。

除此之外，它還**被認為**是

一種印第安的「萬能藥」。

內服能治療**肺病和胃病**，

外敷能治療**蚊蟲叮咬**，

混在**巧克力**裡還有**催化愛情**的效果。

（這……一定是有什麼誤會……）

到了 **16 世紀**，探索新大陸的**西班牙人**
也認識了香草，

他們覺得香草很**神奇**，

於是將它帶回了**歐洲**。

剛進入**歐洲**的時候，
香草只是**巧克力**的一種**配料**，

因為巧克力的**大受歡迎**，
它順帶被傳播，

卻**沒什麼存在感**……

等到一個人的**出現**，
香草才**正式出道**！

他就是英國王室的**「御廚」**——**休・摩根**。

摩根兼任英國女王

伊莉莎白一世的**藥劑師**和**糕點師**，

因為女王十分**喜歡甜品**，

為了**迎合**她的口味，
摩根**首創**用香草進行**調味**。

不出所料，**女王**一嚐，
就**被**那香香甜甜的味道**征服**！

以後**無論**吃什麼甜品，
她都**點名**要香草味的。

所以，歐洲的**貴族圈**裡
也**掀起**了一陣**香草熱**，

各種香草味的產品紛紛**出爐**，

香草作為一種**香料**，就這麼徹底**紅了**！

然而，對於**普通人**來說，
天然的香草仍然是**奢望**的存在……

原因只有一個——

很長一段**時間**以來，
香草只能從遙遠的**美洲進口**，

不僅**產量低**，**運輸成本**還很**高**。

歐洲人也嘗試過到**其他地方**種香草，

但種出來的**香草**，
卻**結不出**做香料用的**豆莢**……

以至於人們一度認為
香草是**受了**印第安人的**詛咒**！

那**事實**到底是**怎麼樣**的呢？

科學家們研究了**兩三百年**才發現，

由於香草的**花結構**非常**特殊**，

香草要結出**豆莢**就必須要**美洲**一種叫
馬雅皇蜂（Melipona beecheii）的蜜蜂來授粉，

但這種蜜蜂偏偏**只能**存活在**美洲**。

想要在**其他地方**讓香草結出豆莢，

只能讓**人代替蜜蜂**

一朵花一朵花地去**人工授粉**。

這……這不還是**很貴**嗎！

眼看著香草這麼**難搞**，

被撩起食欲的**歐洲人決定**——

從香草的**成分**入手。

當時**科學家們**已經發現香草的**味道**

主要來自它體內的**香蘭素**，

只要成功**合成**香蘭素，

「複製」香草的味道就**不是問題**了！

而**首先成功**的

是**德國**的化學家**費迪南德・蒂曼**。

費迪南德・蒂曼

Ferdinand Tiemann

在 **1874 年**，

他首次用**松樹**的萃取物成功合成了**香蘭素**。

此後，他**創立**了一家**公司**，

透過**改良**實驗，
找到了**量產**香蘭素的方法。

從這以後，科學家們**發現**了
更多能**合成**香蘭素的**新原料**，

香草的氣味才終於被**大規模複製**。

時至今日，**香蘭素**已經是

世界上**最重要**的香精**之一**。

因為**價格低廉**，

香蘭素還廣泛應用在**食品加工**、

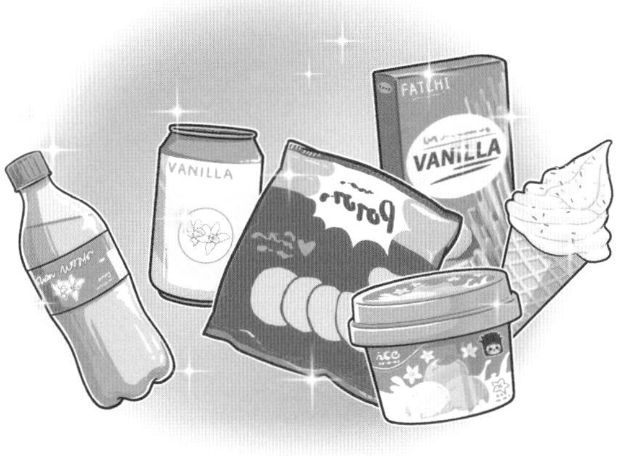

化妝品，

以及**醫藥**等領域。

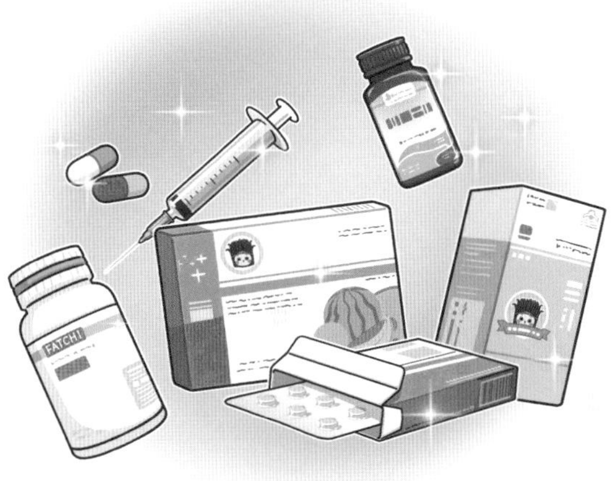

當然，**真正的香草**

也遠**不止**有香蘭素**那麼簡單**。

作為世界上**最複雜**的味道之一，

它的香味**來源**包含**超過 250 種**物質，

以至於到了**現在**，

人類還**無法**完美**重現**真正的**「香草味道」**。

在 **2018 年**的國際市場上，**每公斤香草**的價格
約為人民幣 **4200 元**。

註：人民幣 4200 元，約折合港幣 4500 元，約折合新台幣 18000 元。

天然香草
仍是世界上**第二昂貴**的香料。
（第一是藏紅花）

不過，可以**確定**的是，
人們對香草的追求**從未停止**。

無論是**推廣種植**，

還是**人工合成**，

人們一直在**努力**讓香草的**普及**成為可能。

如果有一天香草能真正**「平民化」**。

那……**冰淇淋**會不會變得**更加好吃**呢？

【完】

附錄

【守護香草】

非洲的馬達加斯加是現代天然香草的主產地。由於天然香草價格高昂，當地農民除了要種香草外，還要防範來偷香草的小偷。他們會拿著武器在種植園裡巡邏，甚至為每一根豆莢刻上編號。

【甜蜜搭檔】

香草和糖是一對「好搭檔」。有研究發現，不僅香草的香氣能讓糖嚐起來更甜，糖也能讓香草的味道更加香濃，而原因可能是人體味覺和嗅覺之間相互的連動作用在大腦的結果。

附錄

【香草之謎】

香草在美洲以外沒辦法自然授粉，這個問題困擾了歐洲科學家們兩三個世紀。解決這個問題的，是非洲一個叫艾德蒙・阿爾比斯的 12 歲小男孩。他獨自發現了香草人工授粉方法，並沿用至今。

【「天然」香蘭素】

香蘭素主要是化學合成的，但近年來市場上出現了一種「天然」香蘭素。雖然說是「天然」，這種香蘭素卻和香草沒什麼關係，而是用轉基因技術處理的酵母菌生產的。

附錄

【香草神話】

關於香草的來歷，墨西哥有則神話。傳說遠古時有一位十分美麗的巫女，因為寺廟裡不能結婚的規定不得不和愛人私奔。最後巫女被寺廟派來的追兵殺死，地上的草吸收她的血後，化作香草。

【香草等級】

除了香蘭素濃度外，「顏值」是評價香草等級的重要標準。顏色黑、身形長的香草等級最高，常用於零售市場；而顏色偏紅、果實裂開的則被認為是次等的，會被拿去當提取香蘭素的工業原料。

另外就是

位於非洲的馬達加斯加是世界上最大的香草生產國。據聯合國糧食及農業組織統計，二〇一八年它的香草產量占全球的四一%。然而，雖然香草價格不斷上漲，但馬達加斯加依然是世界上最貧窮的國家之一。這是為什麼呢？

其一是因為氣候。馬達加斯加位於熱帶，瀕臨海洋，降雨充足。雖然這些氣候條件很適宜香草生長，但同時也有很大的隱患。獨特的氣候和地理環境，讓馬達加斯加經常被海洋颶風襲擊，這給當地的香草種植業和糧食產業帶來嚴重打擊。例如，二〇〇七年的熱帶風暴「Indlala」襲擊了香草的主產地之一安塔拉哈鎮，一次性摧毀了當地約八〇%的香草和大量農作物。

其次，香草雖然給馬達加斯加的農民帶來了大量現金，但當地卻沒有將這些現金轉化為改變生活的機會。香草的收益大多變成了音響、球鞋之類的個人娛樂用品，很少用於建設基礎設施等長遠的投資，例如：興建學校、公路等。

肥志與小黃

四格小劇場

【第29話　打敗祕寶】

既然如此，只能祭出我族祕寶——
傳音
先施展法術，然後透過它能和遠方的夥伴對話。
是不是很神奇呢?!
海螺
喂，外賣嗎?
你剛說什麼來著?

酪梨的原來如此

有一種水果，

看著像顆**手榴彈**，

但從 **2016 年**開始
卻**紅遍了**海外的**社交**網絡，

不僅作為美食**大受歡迎**，

註：hot，這裡指「熱門的，流行的」。

連它的**顏色**也是**時尚界**的寵兒！

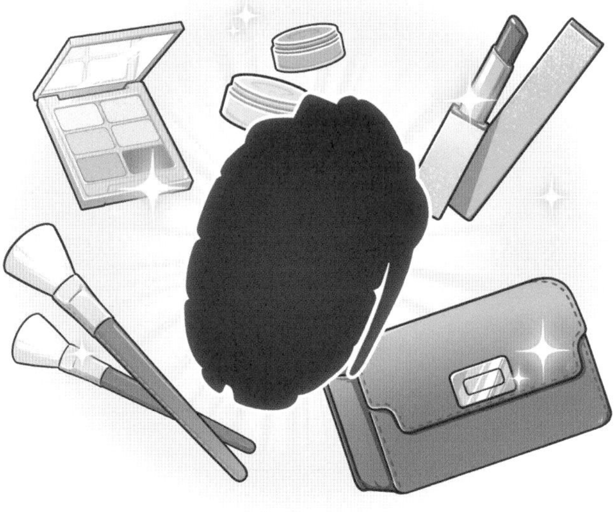

沒錯！它的**名字**就是……

酪梨！

註：酪梨，即 avocado，大陸及香港稱「牛油果」，台灣稱「酪梨」。

作為**水果**，它似乎**沒什麼香味**……

吃起來也**沒什麼味道**……

究竟是**怎麼紅的呢**？

我們來好好**「揭露」一下**——

我們常說的**「酪梨」**，**大名**其實是鱷梨。

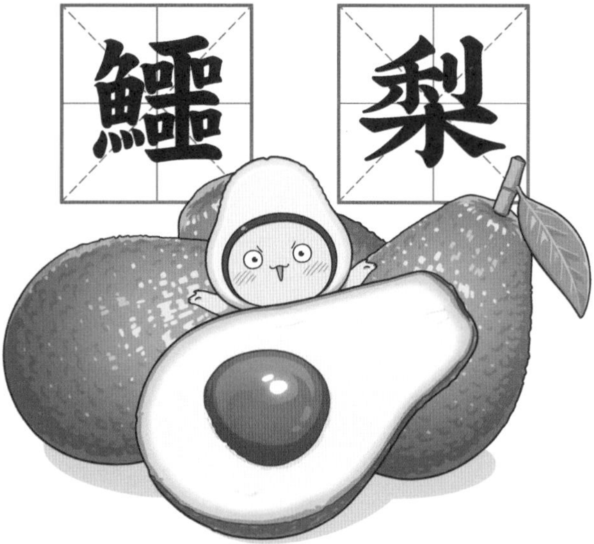

從名字到本體都是正經八百的**舶來品**。

註：alligator，鱷魚；pear，梨；alligator pear，鱷梨。

由於**富含脂肪**，

（各類飽和及不飽和脂肪含量約為 15%）

它的**口感**非常**綿密**，

細細含著……就像**一塊奶油**一樣。

這種古老的植物

最早出現在**中美洲**地區。

大概 4000 到 6000 年前，

印第安人便將它**種**在自家的院子裡。

他們後來吃的時候會加上**鹽和糖**，

做成**調味醬**時，

又會和**番茄**、**洋蔥**拌在一起。

此外，印第安人還**堅信**

酪梨能催化**愛情**、促進**生育**。

認為**男人**吃了它**有力**，

女人碰了它就**懷孕**……

以至於到了酪梨**收穫的季節**，

少女們都被要求**躲遠點**……

16 世紀的**西班牙**探險者

來到**美洲**時，

就對酪梨**「一見鍾情」**！

因為它天生有**奶油般**的口感，

跟**各種食材**又很搭，

於是探險者把它**帶回歐洲**後……

酪梨就成為

歐洲人喜歡的一種**黃油替代品**。

註：黃油在香港稱為牛油，在台灣稱為奶油。

例如，當時**英國水手**

就尤其喜歡把它**塗在餅乾**上，

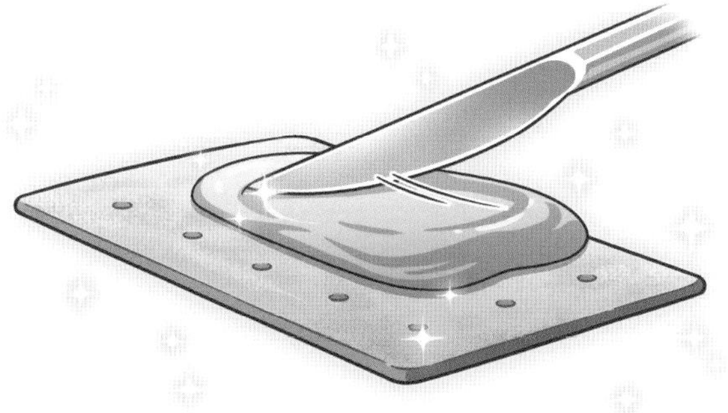

因此它又被人稱為**「海軍的黃油」**！

然而，就在酪梨**向著全世界**
高歌猛進的時候，

這種**原產美洲**的水果
卻在**美國**遭遇了**「挫折」**……

因為熱愛**油炸食品**，
那時的很多美國人**胖得不行**，

這實在讓美國政府**看不下去**了！

於是便全美開始**「反脂肪」**。

可憐的酪梨還**沒反應過來**，

就因為**脂肪含量高**，

被美國食品藥品監督管理局（FDA）
一腳踢出了**「健康產品」**的名單。

這讓**賣酪梨的**坐不住了！

以加利福尼亞州酪梨委員會會員為首的**商人們**

開始絞盡腦汁為自家產品**「洗白」**。

他們一方面找**權威**專家「站台」，

從**成分上**證明

酪梨的**脂肪**主要是**有益的不飽和脂肪酸**。

另一方面，他們鋪天蓋地地**打廣告**，

讓影視、體育明星

在**電視**上一起為酪梨**叫好**，

有廣告公司甚至想出了
海選**「酪梨女郎」**的辦法。

正是這種**全方位**的**「洗腦」**廣告

讓酪梨**成功「洗白」**！

連 FDA 也不得不在 **2016 年**承認

它是**「健康的」**水果。

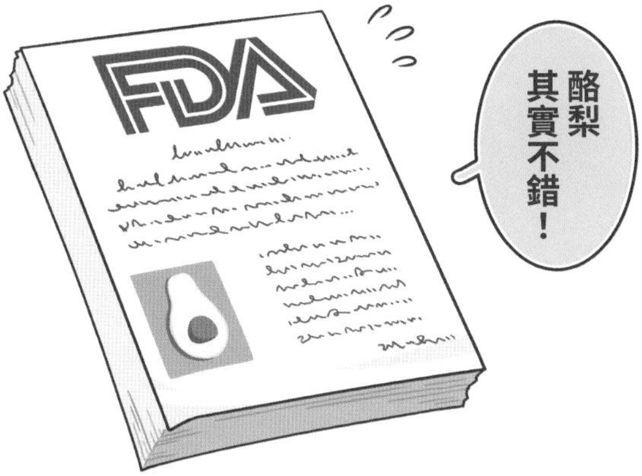
FDA
酪梨其實不錯！

這一番**「神操作」**

也看呆了**中國的商家**。

大家**有樣學樣**地宣傳，

嬰兒輔食！
降血壓！
能減肥！
買啊！

於是酪梨在**中國**
也成了**家喻戶曉**的水果……

從 2010 年到 2017 年，我國酪梨**進口量**
從 **1.9 噸**增長到 **3.2 萬噸**，

7 年時間猛漲了 **16000 多倍**！

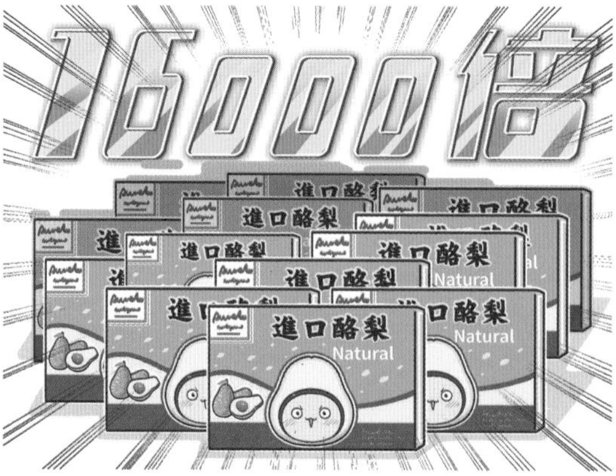

註：natural，天然的。

但話說回來，
酪梨的實力**究竟如何**呢？

這事還得**分兩方面看**……

一方面，酪梨含有**大量的**不飽和脂肪酸，

有益於**降低血脂**、**改善**人體的**血液循環**，

加上**富含葉酸**、**纖維和維生素**，

確實是一種**比較健康**的水果。

不過，從另一方面看，
100 克酪梨的熱量則高達 **160 千卡**，

註：「克」和「千卡」分別為重量和能量單位，香港稱「克」和「千卡」，台灣稱「公克」和「大卡」。

相當於吃了**兩顆雞蛋**。

對於要**減肥**的人……
還是要**少吃點**。

就像**開頭**說的，

酪梨**不**像荔枝、蘋果**那麼甜**，

也**沒有**香蕉、草莓**那麼香**，

但卻靠著人類對**健康**的追求，

躋身世界上**最受追捧**的水果之列。

世界上並**沒有絕對**健康的東西，

酪梨**也一樣**。

說到底，想要**身體健康**，

最終還得靠**規律的飲食**，

和**邁開腿**的毅力！

【完】

附錄

【便便傳播】

在遠古時期，猛獁象之類的巨獸吃下整個酪梨後，會將難消化的種子拉出來，種子就能隨著便便到處發芽。不過這些動物在約一萬年前集體滅絕，酪梨種子的傳播便由人類接手了。

【酪梨墨水】

酪梨的種子裡含有一種叫單寧的物質，和空氣接觸後會變成鮮豔、不易擦除的紅色。十六世紀，西班牙探險家利用這個特點，在美洲加工出了專門用於書寫的「酪梨墨水」。

附錄

【哈斯酪梨】

世界上最受歡迎的酪梨，是一種叫哈斯的品種。它最早出現在美國，擁有深綠色的外皮，口感好，易保存，而且一年中所有季節都能收穫。據報導，哈斯酪梨占全球食用酪梨市場的 80%。

【酪梨黑幫】

墨西哥是酪梨第一生產大國。由於近年酪梨爆紅，當地黑幫除了綁架、販毒外，還打起了果農的主意。他們不僅搶劫酪梨的貨車，還向農民收保護費，甚至為了搶地盤火拼。

附錄

【酪梨貿易戰】

美國和墨西哥是鄰國，還都出產酪梨。20 世紀，美國為了保護本國農民，拒絕進口墨西哥酪梨，還宣稱對方的酪梨「有病」。作為回擊，墨西哥則一度限制從美國進口玉米。

【中式酪梨】

除了直接吃以外，西餐或日式裡的酪梨還可以做沙拉、壽司、慕斯蛋糕等，都很受歡迎。但近年中國也創新了不少酪梨的吃法，例如：接地氣的「酪梨辣子雞」、「老乾媽拌酪梨」。

註：made in China，中國製造。

另外就是

酪梨成熟後質地變軟，保鮮期也會較短，不方便儲存和運輸。

一般而言，酪梨農們會在酪梨成熟前採摘，這就導致了一個矛盾：顧客買回來的酪梨太生，左等右等都吃不了果子，以至於酪梨的銷量怎麼也上不去。

首先發現這個問題的是一個叫吉爾・亨利的美國酪梨商人。

一九八〇年代，吉爾透過超市的監視器發現，買酪梨的顧客總會拿著酪梨在手裡捏半天，有時挑不到合適的就不得不放棄。這讓他意識到：原來很多人都想吃酪梨，只是不想等待而已！於是，他開始思考直接上架成熟酪梨的辦法。吉爾參照農業上用乙烯氣體催熟香蕉等水果的經驗，建造了世界上第一個酪梨催熟室。在試驗成功後，他又積極把這種方法推廣到整個行業，逐步讓「催熟」成為生產酪梨的必備步驟。

當人們無須再等待，酪梨的銷量這才開始起飛！

肥志與小黃

四格小劇場

【第30話 沒有天賦】

幾千年的時間……
科技的發展已經到了這種地步……
鳳凰一族這麼厲害，怎麼會過時呢！
難道我族的法寶已經過時了嗎？
謝謝你安慰我……
我好感動……
往好的方面想想……
也許只是因為你對法寶和法術的運用不太有天賦呢！

樂 觀 與 勇 敢

BE BRIGHT & BRAVE

FATCHI ENCYCLOPEDIA